Nitin Kumar Singh

XYLANASE - Produção e otimização

Nitin Kumar Singh

XYLANASE - Produção e otimização

Imprint

Any brand names and product names mentioned in this book are subject to trademark, brand or patent protection and are trademarks or registered trademarks of their respective holders. The use of brand names, product names, common names, trade names, product descriptions etc. even without a particular marking in this work is in no way to be construed to mean that such names may be regarded as unrestricted in respect of trademark and brand protection legislation and could thus be used by anyone.

Cover image: www.ingimage.com

This book is a translation from the original published under ISBN 978-620-2-30653-9.

Publisher:
Sciencia Scripts
is a trademark of
Dodo Books Indian Ocean Ltd. and OmniScriptum S.R.L publishing group

120 High Road, East Finchley, London, N2 9ED, United Kingdom
Str. Armeneasca 28/1, office 1, Chisinau MD-2012, Republic of Moldova, Europe
Printed at: see last page
ISBN: 978-620-7-71295-3

Prefácio

Este livro tem as suas raízes no trabalho de projeto sobre a produção de xilanase. O trabalho de projeto de um ano sobre a produção de xilanase foi realizado. O objetivo do projeto era produzir a enzima a partir de vários resíduos agrícolas e selecionar os melhores resíduos agrícolas que podem ser utilizados para a produção da enzima a uma escala industrial a partir dos resíduos a partir dos quais foi produzida após o processo de otimização. O livro reflecte a importância da enzima à escala industrial e também para a tecnologia sustentável,

Objetivo do trabalho de investigação Isolamento e seleção de microrganismos com potencial para produzir a enzima xilanase.

- Seleção de diferentes resíduos agro-industriais para a produção de enzimas por SSF utilizando microrganismos isolados/seleccionados, ou seja, fungos filamentosos

- Otimização de vários parâmetros físicos e químicos do processo que influenciam a produção de xilanase utilizando resíduos agrícolas adequados/seleccionados.

- Otimização de vários parâmetros de processo com o Stastical tool Design Expert.

- Determinação da produção enzimática.

Nitin Kumar Singh

O mercado mundial de enzimas industriais cresceu de mil milhões de euros em 1995 para quase 2 mil milhões de euros em 2001 e continua a crescer à medida que se descobrem novas enzimas e aplicações. Prevê-se que só o sector das proteínas para a transformação de cereais (que representa atualmente cerca de 25-28% do total das vendas de enzimas) aumente o seu valor de 510 milhões de euros em 2001 para 760 milhões de euros em 2010. Atualmente, as indústrias técnicas, dominadas pelos sectores dos detergentes, do amido, dos têxteis e do álcool combustível, representam a maior parte do mercado total das enzimas, enquanto as enzimas alimentares e de alimentação animal representam apenas cerca de um quinto. Recentemente, as vendas em algumas das indústrias técnicas mais importantes estagnaram (3% em 2001), enquanto as vendas na indústria alimentar e de alimentos para animais estão a aumentar, prevendo-se taxas de crescimento anual de cerca de 4-5%.

As enzimas são um grupo de proteínas que actuam como catalisadores para levar a cabo uma reação biológica. A xilanase é uma classe de enzimas que converte o polissacárido beta-1,4-xilano em xilose (divisão da hemicelulose, o principal componente das paredes celulares das plantas).

Desempenha um papel importante na decomposição das hemiceluloses das células vegetais em nutrientes utilizáveis. As xilanases são produzidas por bactérias, fungos, caracóis, algas marinhas, protozoários, leveduras, sementes, insectos, crustáceos, etc. (os mamíferos não produzem xilanases). A principal fonte de xilanases industrialmente importantes são os fungos filamentosos. A fermentação em estado sólido (SSF) é o processo bioquímico preferido para a produção de xilanases a partir de vários resíduos agro-industriais.

As xilanases são utilizadas em grande escala para o branqueamento sem cloro da polpa de madeira antes da produção de papel. As xilanases também podem ser utilizadas como aditivos alimentares em farinha de aves de capoeira e de trigo para melhorar o manuseamento da massa e aumentar a qualidade dos produtos cozinhados. Podem também ser utilizadas para melhorar as propriedades nutricionais da erva ou de outras forragens verdes, ou seja, silagem agrícola e alimentos para cereais. Também tem sido utilizada para clarificar sumos de fruta e para degomar fontes de fibras vegetais como a juta, o rami, o linho e o cânhamo. Sabe-se muito sobre as principais características das enzimas xilanase na biotecnologia, desde a sua seleção em várias fontes microbianas até aos diferentes métodos de produção, purificação, caraterização e suas aplicações no sector comercial. É também o principal ingrediente dos amaciadores de massa produzidos pela Puratos. Esta enzima melhora a trabalhabilidade da massa e a absorção de água.

Dadas as perspectivas futuras, a enzima xilanase pode ser utilizada para a produção de biocombustível a partir de material vegetal inutilizável. A xilanase (E.C:3.2.1.8) também foi descrita para a conversão de xilano em açúcares redutores

A xilana encontra-se em grandes quantidades nas madeiras de folhosas das angiospérmicas (15-30% do conteúdo da membrana plasmática) e nas coníferas das gimnospérmicas (7-10%), à semelhança das plantas anuais (30%). Os nichos ecológicos dos microrganismos capazes de produzir xilanase são numerosos e generalizados e incluem geralmente ambientes onde as substâncias se acumulam e se deterioram, à semelhança do tumor dos ruminantes. (Collins et al. (2004)).

Para além de produzirem uma gama de enzimas xilanolíticas, vários microrganismos produzem múltiplas xilanases. Estas podem ter inúmeras propriedades químicas, estruturas, actividades e rendimentos específicos, bem como especificidades sobrepostas mas diferentes, aumentando a eficiência e a extensão da reação, mas também a gama e a qualidade das enzimas. Exemplos típicos de microrganismos que produzem isoenzimas de xilanase são o fungo Genus niger, que produz quinze xilanases extracelulares, e o *Trichoderma viride, que* segrega 13. Esta diversidade é também o resultado da redundância genética, mas também são registados casos de diferentes processos pós-traducionais. Os genes das isoenzimas também são encontrados como cópias múltiplas policistrónicas ou não policistrónicas dentro da ordem e, em alguns casos, muitas xilanases são expressas como um produto de um fator específico. Por exemplo, os genes da xilanase, da в-xilosidase e da esterase do grupo acilo de *Caldocellum saccharolyticum* (agora chamado Caldocellulosiruptor saccharolyticus) são policistrónicos, enquanto o produto do fator XynC de Fibrobacter succinogenes S85 codifica dois domínios de processos químicos completamente diferentes da xilanase. À semelhança dos múltiplos domínios do processo químico, as xilanases múltiplas também se caracterizam pela presença de diferentes domínios adicionais. Os exemplos incluem domínios de ligação à xilana, domínios de ligação a polissacáridos, domínios dockerin (que desempenham um papel na ligação a complexos multidomínios formados por microrganismos ligados, por exemplo, Eubacterium thermocellum), domínios termoestabilizadores e domínios cuja função ainda não foi clarificada. Estes domínios podem dobrar-se e comportar-se de forma independente e estão geralmente separados por segmentos curtos de ligação enriquecidos com aminoácidos do grupo hidroxilo.

A grande maioria das xilanases é segregada no ambiente extracelular, uma vez que o tamanho maciço do substrato impede a sua entrada na célula. Assume-se agora que a produção de xilanase é induzida pelos produtos da sua própria atividade. Parte-se do princípio de que pequenas quantidades de enzimas produzidas constitutivamente libertam xilo-oligómeros que podem ser transportados para o interior da célula, onde são posteriormente degradados por в-xilosidases ou mesmo por xilanases intracelulares e induzem uma nova síntese de xilanases.

1.1 Classificação das xilanases

A heterogeneidade e a complexidade da xilana conduziram a uma pletora de diferentes xilanases com especificidade, sequências primárias e dobras variáveis, limitando assim a classificação destas enzimas com base apenas na sua especificidade de substrato. Wong et al. classificaram as xilanases com base nas suas propriedades físico-químicas e propuseram dois grupos: as de baixo peso molecular (30 kDa) e pI básico e as de elevado peso molecular (30 kDa) e pH ácido. No entanto, foram encontradas várias excepções a este padrão e cerca de 30 % das xilanases atualmente identificadas, especialmente as xilanases fúngicas, não podem ser classificadas de acordo com este sistema.Mais tarde, foi introduzido um sistema de classificação mais abrangente, que permitiu não só a classificação das xilanases, mas também das glicosidases em geral (EC 3.2.1.x) e que, desde então, se tornou o padrão para a classificação destas enzimas. Este sistema baseia-se exclusivamente em comparações de estruturas primárias dos domínios catalíticos e agrupa as enzimas em famílias de sequências relacionadas. Na primeira classificação, as celulases e xilanases foram classificadas em 6 famílias, que foram actualizadas para 77 famílias em 1999 e o número continua a aumentar com a identificação de novas sequências de glicosidase. Atualmente, existem 96 famílias de hidrolases de glicosídeos, das quais cerca de um terço são específicas, ou seja, contêm enzimas com diferentes especificidades de substrato. Uma vez que a estrutura e o mecanismo molecular de uma enzima estão relacionados com a sua estrutura primária, este sistema de classificação reflecte características estruturais e mecanísticas. As enzimas de uma determinada família têm uma estrutura tridimensional e um mecanismo molecular semelhantes, tendo também sido levantada a hipótese de poderem ter uma especificidade de ação semelhante em substratos sintéticos pequenos e solúveis. Além disso, a evolução divergente resultou no facto de algumas das famílias terem estruturas tridimensionais relacionadas e, por conseguinte, o agrupamento. Dentro deste sistema de classificação, as xilanases são geralmente referidas como estando restritas às famílias 10 (anteriormente F) e 11 (anteriormente G). (Souza, 2012) Curiosamente, uma pesquisa nas bases de dados relevantes utilizando a classificação de proteínas Europa 3.2.1.8 mostra que as enzimas com atividade de xilanase podem ser encontradas nas famílias 5, 7, 8, 16, 26, 43, 52 e 62. Contudo, uma comparação cruzada mais pormenorizada da literatura acessível mostra que apenas as sequências classificadas nas famílias 5, 7, 8, 10, 11 e 43 contêm domínios de processos químicos verdadeiramente distintos com uma atividade indiscutível de endo-1,4-e-xilanase. As sequências atribuídas às famílias dezasseis, cinquenta e dois e sessenta e dois parecem, de facto, ser enzimas bifuncionais que contêm dois domínios de processos químicos; um domínio de xilanase da família dez ou onze, bem como um segundo domínio de glicosidase. Por exemplo, uma enzima de Ruminococcus flavefaciens Associate in Nursing contém xilanase amino-terminal da família onze e uma liquenase carboxi-terminal da família dezasseis e, portanto, pertence tanto à família onze como à família dezasseis. Além disso, as enzimas da família vinte e seis não parecem ser endo-1,4-e-xilanases, mas endo-1,3-B-xilanases. Assim, a leitura atual de que as enzimas com atividade de xilanase se restringem apenas às famílias dez e onze não é inteiramente correcta e é alargada para incluir as famílias cinco, 7, 8 e 43.

A classificação das xilanases pode basear-se em muitos factores, por exemplo, com base na origem e na extração em diferentes condições.As xilanases podem ser classificadas com base na sua fonte de origem

1.1.1.1 Xilanases fúngicas

Os fungos (*Aspergillus spp., Fusarium spp., Penicillium spp.*) são importantes produtores de xilanase devido aos seus elevados rendimentos e à libertação extracelular das enzimas (Nair e Shashidhar, 2008). As xilanases fúngicas têm uma atividade mais elevada em comparação com as bactérias ou as leveduras. No entanto, as xilanases derivadas de fungos têm algumas propriedades que as tornam inutilizáveis para algumas aplicações industriais (Mandal, 2015). A maioria destas xilanases é eficaz a temperaturas inferiores a 50 °C e a um intervalo de pH de 4-6 (Beg et al., 2000). Por exemplo, as xilanases fúngicas não podem ser utilizadas na indústria da pasta e do papel, que requer um pH alcalino e temperaturas superiores a 60 °C (Mandal, 2015). Outro problema com as xilanases fúngicas é a presença de uma celulase; poucos estudos relataram xilanase fúngica sem atividade de celulase (Subramaniyan e Prema, 2002); as estirpes fúngicas foram analisadas quanto à sua atividade de xilanase (Mandal, 2015; Huitron et al, 2008; Ja'afaru, 2013; Taneja et al, 2002; Haltrich et al, 1993; Ghanen et al, 2000; Haltrich et al, 1996). As xilanases podem ser produzidas tanto em fermentação em estado sólido (SSF) como em fermentação submersa (SmF). No entanto, observou-se que a produtividade da enzima em SSF é muito mais elevada do que em SmF (Nair e Shashidhar, 2008). Além disso, a produção em larga escala de xilanase fúngica é difícil devido ao tempo de geração lento e à coprodução de polímero altamente viscoso que reduz a transferência de oxigénio (Mandal, 2015).

A investigação efectuada nas últimas décadas mostra que a xilanase pode ser produzida principalmente por fungos filamentosos, ou seja, *Aspergillus niger, A. foetidus, A. brasiliensis, A. flavus, A. nidulans, A. terreus, Penicilium sp, Trichoderma reesei, T. longibrachiatum, T. harzianum, T. viride, T. atroviride, Fusarium oxysporum, Thermomyces lanuginosus, Alternaria sp, Talaromyces emersonii, Schizophyllum commune, Piromyces sp.(* Polizeli, M.L.; Rizzatti, A.C.S.; Monti, R.; Terenzi, H.F.; Jorge, J.A.; Amorin, D.S. (2005)*)*

1.1.1.2 Xilanases bacterianas

As xilanases produzidas por bactérias e actinomicetos (*Bacillus sp., Pseudomonas sp., Streptomyces sp.*) são activas num intervalo de pH mais amplo de 5-9, sendo a temperatura óptima para a atividade da xilanase entre 35°C e 60°C (Beg et al., 2001; Mandal, 2015; Motta et al., 2013). Vários investigadores investigaram a atividade de xilanase de estirpes bacterianas utilizando SSF e SmF (Mandal, 2015; Amore et al, 2014; Dhiman et al, 2008; Maheshwari e Chandra, 2000). Estudos sobre Bacillus spp. revelaram uma maior atividade de xilanase a pH alcalino e a temperaturas elevadas. Por conseguinte, as xilanases bacterianas são utilizadas em aplicações industriais devido à sua tolerância aos álcalis e à sua termoestabilidade (Mandal, 2015).Vários investigadores relataram a produção de xilanase utilizando estirpes bacterianas, ou seja, *Bacillus pumilus, Bacillus subtilis, Bacillus amyloliquefaciens, Bacillus cereus, Bacillus circulans, Bacillus megatorium, Bacillus licheniformis, Bacillus stearothermophilus, Streptomyces sp. Streptomyces cuspidosporus, Streptomyces actuosus, Pseudonomas sp, Clostridium absonum, Thermoactinomyces thalophilus* (Ashwani Sanghi et al. (2007)).

1.1.2 Xilanases: Com base nas propriedades e na origem dos microrganismos

1.1.2.1 Xilanases extremófilas

A maior parte das xilanases analisadas são de origem vegetal ou microbiana e são, na maioria dos casos, otimamente activas a temperaturas mesófilas ou próximas (aproximadamente 40-60 °C) e valores de pH neutros (no caso de xilanases de microorganismos) ou ligeiramente ácidos (no caso de xilanases de plantas). Também foram encontradas xilanases que parecem ser não só estáveis mas também activas em valores de pH e temperaturas extremos. De facto, verificou-se que as xilanases são activas a temperaturas de cinco a cento e cinco graus Celsius, a valores de pH de dois a onze e a concentrações de NaCl até 30 %. As xilanases são produzidas por microrganismos que colonizam ambientes considerados extremos pelo Associate in Nursing e produzem enzimas que são feitas à medida para estes habitats extremos. Das xilanases extremófilas, as termófilas, alcalifílicas e acidófilas têm sido as mais intensamente estudadas, enquanto as xilanases adaptadas ao frio têm sido muito menos estudadas. (Collins et al. (2004))

1.1.2.2 Termofílico

Vários microrganismos termófilos (crescimento ótimo a 50-80 °C) e hipertermófilos (crescimento ótimo a 80 °C) produtores de xilanase foram isolados de uma variedade de fontes, incluindo solfataras terrestres e marinhas, nascentes termais, piscinas quentes e resíduos orgânicos em decomposição auto-aquecidos. A maioria das xilanases produzidas pertence às famílias 10 e 11, mas ainda não foram efectuados estudos sobre xilanases termofílicas pertencentes a qualquer uma das outras famílias de hidrolases de glicosídeos. ou seja, das famílias 5, 7, 8 ou 43) ou mesmo de outra família de xilanases ainda desconhecida. (Zanoelo (2004)).

1.1.2.3 Psicófilo

Embora os ambientes frios sejam os mais stressados na terra, só se conhecem alguns produtores de xilanase adaptados ao frio ou psicrofílicos. Estes incluem uma variedade de organismos: 2 bactérias Gram-negativas, uma bactéria Gram-positiva, um isolado de levedura, Kril, uma variedade de fungos, e uma variedade de basidiomicetas. Todos foram isolados da Antárctida, mas com a exceção da xilanase da família microbiana 8 de *Pseudoalteromonas haloplanktis* TAH3a (pXyl) e da xilanase de Cryptococcus adeliaefamily 10 (XB), os estudos das xilanases produzidas são nominais. De acordo com a maioria das outras enzimas psicrófilas estudadas até à data, as opções comuns das xilanases psicrófilas estudadas são uma temperatura óptima ocasional, actividades químicas elevadas a baixas temperaturas e baixa estabilidade. Estudos comparativos de pXyl e XB com xilanases mesófilas mostraram que estas enzimas exibem a próxima atividade química mais elevada a temperaturas baixas e moderadas, nomeadamente uma atividade dez vezes superior e três vezes superior a cinco °C e três vezes superior e várias vezes superior a trinta °C, respetivamente. Além disso, todas as enzimas psicrofílicas analisadas apresentam uma elevada atividade química a baixas temperaturas. A 5 °C, a atividade de pXyl é mais elevada durante uma hora, enquanto as xilanases A e B de *Euphasia superba* mostram cerca de meia hora e um quatrocentésimo da sua atividade mais elevada, respetivamente. Em comparação, uma xilanase mesofílica mostrou apenas cinco centésimos da sua atividade mais elevada a esta temperatura. As temperaturas óptimas aparentes para a atividade de pXyl, XB e, por conseguinte, das xilanases microfúngicas, que são cerca de 25, 9 e 10-30 °C inferiores às das xilanases mesófilas de referência utilizadas, são mais uma prova da dependência do frio destas enzimas. A fraca estabilidade térmica das xilanases psicrofílicas analisadas reflecte-se nas suas curtas meias-vidas (por exemplo pXyl tem uma meia-vida de inativação doze vezes mais curta a cinquenta e cinco °C do que uma xilanase mesofílica) e baixas temperaturas de desnaturação (pXyl apresenta uma temperatura de fusão dez °C e XB uma temperatura de fusão catorze °C mais baixa em comparação com as xilanases mesofílicas de referência), enquanto uma menor estabilidade química da xilanase adaptada ao frio da família oito é inegável devido às curtas meias-vidas de inativação do complexo de guanidina e do bloom.

1.1.2.4 Alcalifilos e acidófilos

Embora a maioria dos ambientes naturais na Terra seja essencialmente neutra, com valores de pH entre 5 e 9, existem também habitats com valores de pH extremos, particularmente em regiões geotérmicas, solos carbonatados, desertos sódicos e lagos sódicos, como os que se encontram no Egipto (Wadi Natrun), no Vale do Rift Africano (Lago Magadi e Lago Nakuru no Quénia), na Ásia Central, no oeste dos EUA (Parque Nacional de Yellowstone) e no sul da Europa (Ilha Vulcânica, Itália), De facto, os microrganismos alcalifílicos produtores de xilanase, que geralmente crescem de forma óptima a valores de pH superiores a 9, e os microrganismos acidófilos, que crescem de forma óptima entre pH 1 e 5, foram isolados destes ambientes e também de fontes como a pasta kraft, resíduos da indústria da pasta e do papel, matéria orgânica em decomposição, fezes, fontes vegetais, solos e mesmo ambientes neutros onde coocorrem com microrganismos neutrófilos.

1.2 Aplicação da xilanase

1. Melhorar a qualidade do pão: - As enzimas desempenham um papel fundamental na indústria de panificação e foi relatada a utilização de xilanase na produção de pão (Beg et al., 2001). Muitas endo-1,4--xilanases, tanto de fontes bacterianas como fúngicas, têm sido utilizadas na indústria de panificação (Pariza e Johnson 2001). A hidrólise enzimática de polissacáridos não amiláceos leva a uma melhoria das propriedades reológicas da massa, do volume específico do pão e da firmeza do miolo (Martinez-Anaya et al., 1997). A endo-xilanase ataca a espinha dorsal do arabino-xilano para reduzir o grau de polimerização, o que tem uma forte influência na estrutura e função do arabino-xilano (Courtin CM, Delcour 2002; Qi e Drost-Lustenberger 2002). A xilanase melhora a trabalhabilidade da massa, a estabilidade da massa, a estabilidade na cozedura, o volume do pão, a estrutura do miolo e o prazo de validade quando utilizada em quantidades óptimas (Hamer 1995; Poutanen 1997).

A xilanase melhora a qualidade do pão ao aumentar o volume específico do pão. Isto pode ser ainda melhorado pela combinação de amilase

2. Uma patente dos EUA para um processo de produção de xilanase foi concedida em 1979 para a utilização de xilanase juntamente com outras enzimas como aditivo alimentar para gado leiteiro (Garg et al., 2010). A sacarificação da celulose e da hemicelulose na biomassa resulta num líquido rico em açúcar que é útil para a produção de uma variedade de produtos de valor acrescentado, como o etanol, o furfural e vários biopolímeros funcionais (Fuller et al., 1995). Foi também registada uma maior possibilidade de fermentação de açúcares de hexose e pentose em lenhinocelulose para metanol (Senn e Pieper 2001). A xilanase ajuda a aumentar o rendimento do sumo de frutos e produtos hortícolas. Também reduz a viscosidade do sumo de fruta, melhorando a filtrabilidade dos sumos (Biely 1985). As xilanases são úteis na produção de cerveja, uma vez que melhoram a extração de mais açúcares fermentáveis da cevada (Garg et al., 2010). A adição de xilanase aos alimentos para animais conduz a melhores taxas de crescimento animal, uma vez que melhora a digestibilidade e a qualidade da cama dos animais (Biely 1985; Damiano et al., 2003). As paredes celulares do endosperma dos grãos de cereais contêm uma grande quantidade de polissacáridos sob a forma de arabinoxilanos, misturados com glucanos ligados, celuloses, mananos e galactanos (Longland et al., 1995), dos quais os arabinoxilanos e os glucanos constituem a maior proporção.

O trigo, o triticale e o centeio são ricos em arabinoxilanos (Bonnin et al., 1998), enquanto a aveia e a cevada são ricas em -glucanos (Beer et al., 1997; Cui et al., 2000). Devido à sua natureza viscosa, os polissacáridos são difíceis de digerir pelos animais de companhia. Por conseguinte, a adição de xilanase aos alimentos melhora a disponibilidade de polissacáridos para os animais (Salih et al., 1991; Amnison 1992; Bedford e Classen 1993).

A endo-1,4-D-xilanase dilui o conteúdo intestinal, permitindo assim uma melhor absorção dos nutrientes e a difusão das enzimas pancreáticas. Também converte a hemicelulose em açúcar, que retém os nutrientes nas paredes celulares e fornece aos frangos energia suficiente com uma menor quantidade de alimento. O tratamento da ração com xilanase leva a uma melhor qualidade da silagem, o que facilita a digestão das paredes celulares das plantas pelos ruminantes. O tratamento com xilanase aumenta o teor de açúcar nos alimentos e é, por conseguinte, útil para a digestão das vacas e de outros ruminantes (Garg et al., 2010). A adição de xilanase a um alimento à base de centeio para frangos de carne conduz a uma redução da viscosidade intestinal, o que melhora o aumento de peso dos pintos e a sua utilização dos alimentos (Bedford e Classen 1992, Van Paridon et al., 1992).

3. Indústria alimentar:- A xilanase com celulase e pectinase são utilizadas para clarificar mostos e sumos, para liquefazer frutos e legumes (Biely 1985) - A L-arabinofuranosidase e a D-gluco-piranosidase são utilizadas para aromatizar mostos, vinhos e sumos de frutos (Spagna et al., 1998)

4. Tratamento de resíduos agrícolas: - Os resíduos agrícolas ricos em hemicelulose (xilana) podem ser tratados com xilanase para converter a xilana em xilose por hidrólise enzimática. O desenvolvimento de um processo de hidrólise enzimática eficiente oferece novas perspectivas para o tratamento de resíduos hemicelulósicos (Biely, 1985 e Rani Nand 1996).

5. Biocombustíveis e bioenergia: A xilanase pode ser utilizada em sinergia com a mananase, a xilosidase, a glucanase, a lenhinase, a glucosidase, etc. para produzir biocombustíveis como o etanol e o xilital a partir de biomassa lenhinocelulósica (Dominguez 1998, Kuhad & Singh 1993). O bioprocesso de produção de etanol combustível requer a deslenhificação das lignoceluloses para libertar a celulose e a hemicelulose do seu complexo com a lignina, seguida da despolimerização da celulose e da hemicelulose para produzir açúcares livres e, finalmente, a fermentação da mistura de pentoses e hexoses para produzir etanol (Lee 1997). No seu estudo, verificaram que um cocktail eficiente de holocelulase desempenha um papel importante na comercialização de biorrefinarias, têxteis, formulação de detergentes e fabrico de papel (Sharma e Kumar 2013). A palha de trigo é um subproduto abundante da indústria agroalimentar que poderia ser uma fonte primária de biomassa lignocelulósica para biorrefinarias de segunda geração (Song et al., 2012). Para melhorar a capacidade de degradação da biomassa, Song et al. (2012) alteraram a xilanase GH11 através de uma mutação na posição 111. No entanto, também referiram que a engenharia enzimática, por si só, não consegue ultrapassar as limitações impostas pela estrutura complexa da parede celular das plantas. Para a produção de biocombustíveis líquidos e biocatalisadores, Cavka et al. (2011) investigaram a possibilidade de utilizar lamas de fibras, resíduos de fibras de fábricas de pasta de papel e biorrefinarias à base de lenhinocelulose.

6. Desengorduramento: - O sistema de xilanase com o sistema de enzimas pectinolíticas pode ser utilizado para o desengorduramento de fibras liberianas como o linho, o cânhamo, a juta e o rami (Puchart et al., 1999). A combinação xilanase-pectinase também pode ser utilizada no processo de descasque, o primeiro passo no processamento da madeira (Bajpai 1999, Wrong & Saddler 1997). Pensa-se que a pectinase desempenha um papel importante na remoção de aglutinantes do tecido vegetal, mas a xilanase também pode estar envolvida neste processo.

7. Produção de xilo-oligossacáridos (XO): - A xilanase foi recentemente utilizada para a produção de xilo-oligossacáridos (XO), e atualmente os XO são produzidos principalmente por hidrólise enzimática de lixívia (Tan et al., 2008). Os XO são oligossacáridos funcionais e têm muitos efeitos benéficos para a biomedicina e a saúde (Yang et al., 2005). A xilana leva à formação de xilose, arabinose e xilooligossacáridos que contêm ácido metilglucurónico. Os xilooligossacáridos têm muitas aplicações práticas em vários domínios, como os produtos farmacêuticos, as fórmulas para alimentos para animais, os fins agrícolas e as aplicações alimentares (Vazquez et al., 2000). Como aditivos alimentares, os XO têm um efeito prebiótico, melhorando a função intestinal, uma vez que aumentam o número de bifidobactérias saudáveis (Rycroft et al., 2001; Fooks e Gibson 2002; Izumi e Kojo 2003). Quando os xilooligossacáridos são utilizados como suplementos dietéticos, podem reduzir o risco de cancro do cólon devido ao seu efeito positivo no trato gastrointestinal (Whitehead e Cotta 2001). Os XO têm um odor aceitável e não são naturalmente carcinogénicos (Kazumitsu et al., 1987; Kazumitsu et al., 1997). As XO têm um baixo valor calórico e podem ser utilizadas em produtos dietéticos contra a obesidade (Taeko et al., 1998; Toshio et al., 1990).**Germinação de sementes:** - As xilanases da semente da planta em germinação convertem as reservas alimentares no produto final, atacável. Pensa-se que a xilanase desempenha um papel fundamental no alongamento celular e no amolecimento dos frutos (Kulkami et al., 1997).

Na produção, para prolongar a filtrabilidade do mosto e reduzir a turvação do produto final; na extração ocasional e na preparação de solúveis ocasionais; em detergentes; na protoplastação de células vegetais; na produção de polissacáridos farmacologicamente activos utilizados como agentes antimicrobianos ou antioxidantes; na produção de glicosídeos de radicais alquílicos utilizados como tensioactivos; e na lavagem de dispositivos de precisão e semicondutores. As xilanases são frequentemente utilizadas isoladamente, mas também em combinação com outras enzimas, especialmente com outras hidrolases, mas também com proteases, oxidases, isomerases, etc. A principal aplicação das xilanases é na indústria da pasta de papel e do papel, onde as temperaturas extremas (55-70 °C) e o baixo pH do substrato da pasta de papel exigem enzimas termo-alcalifílicas para um branqueamento biológico económico. As xilanases termo-alcalifílicas ou talvez termo-acidofílicas podem ser utilizadas adicionalmente em processos de bioconversão em que pode ser utilizada uma gama de tratamentos, tais como a explosão de vapor e quandary, pré-tratamentos alcalinos, solventes ou ácidos, antes ou simultaneamente com o tratamento catalítico. As xilanases alcalifílicas seriam mesmo necessárias para aplicações em detergentes em que são normalmente utilizados valores de pH elevados, enquanto uma xilanase termoestável seria útil na alimentação animal quando adicionada à alimentação antes do processo de peletização (normalmente a 70-

Market	Industry	Application
Food	Fruit and vegetable processing, brewing, wine production.	Fruit and vegetable juices, nectars and purees, oils (e.g., olive oil, corn oil) and wines
	Baking	Dough and bakery products
Feed	Animal feeds.	Monogastric (swine and poultry) and ruminant feeds
Technical	Paper and pulp	Biobleaching of kraft pulps
		Bio-mechanical pulping
		Bio-modification of fibers
		Bio-de-inking
	Starch	Starch-gluten separation
	Textiles	Retting of flax, jute, ramie, hemp, etc.
	Bioremediation/Bioconversion	Treatment of agricultural, municipal and food industry wastes

Quadro (Collins et al. (2004))

CAPÍTULO 2 FERMENTAÇÃO DE SÓLIDOS

Existem vários processos biotecnológicos em que os organismos se multiplicam em substratos sólidos na ausência ou quase ausência de água livre (Quadro 2.1). Os substratos sólidos mais utilizados são os grãos de cereais (arroz, trigo, cevada e milho), as sementes de leguminosas, o farelo de trigo, os materiais lignocelulósicos como a palha, a madeira ou a lã de madeira e uma variedade de materiais vegetais e animais. A maior parte destes compostos são moléculas compostas - insolúveis ou pouco solúveis em água - mas a maior parte é barata e facilmente disponível e fornece um fornecimento direcionado de nutrientes para o crescimento de microrganismos.

2.1 Bioreactores para SSF:

Os bioreactores para fermentação em fase sólida são significativamente menos complicados do que a fermentação em fase líquida. A ilustração mostra um reator de torre, um reator de tambor e um reator com arejamento forçado que são utilizados na SSF. A maioria dos processos de SSF são fermentações descontínuas. Alguns processos não requerem recipientes, mas apenas o espalhamento do substrato numa área de solo aceitável. Os tipos de bioreactores (Fig. 2.6) para SSF são inerentemente menos complicados do que para culturas líquidas. Dividem-se em fermentações sem agitação (sistemas de tabuleiros e sistemas de fluxo de ar), com agitação ocasional e com agitação contínua (tambores de rotação lenta). Bacia rotativa: tipicamente uma bacia cilíndrica montada de lado em rolos que suportam e rodam o recipiente. Estão equipados com um corpo de água e uma saída para a circulação de ar humidificado e raramente contêm deflectores ou secções para agitar o conteúdo. São utilizados na produção de proteínas e biomassa microbiana. A sua principal desvantagem é o facto de o tambor não estar cheio até à capacidade máxima (apenas meia hora de capacidade ou a mistura é ineficaz). A rotação do tambor deve necessariamente ser controlada para que o crescimento do micélio não seja afetado por forças de cisalhamento.fermentadores de tabuleiro: são frequentemente utilizados para a produção de alimentos orientais duros e enzimas. Os tabuleiros contêm camadas de substrato com 2,5 a 5 cm de profundidade e são empilhados em câmaras, que são geralmente arejadas à força com ar humidificado. Numa câmara de ar forçado, a temperatura do substrato é monitorizada e as alterações de temperatura são controladas pelo fluxo de ar. Biorreactores de coluna: uma coluna, normalmente feita de vidro ou plástico, contendo substrato sólido fracamente embalado. A temperatura é controlada por um revestimento que veda a coluna. Estes sistemas são utilizados para a produção de ácidos orgânicos, produtos vegetais e biomassa.

2.1.1 .3 Reactores de leito fluidificado: utilizados para a produção de biomassa para alimentação animal.

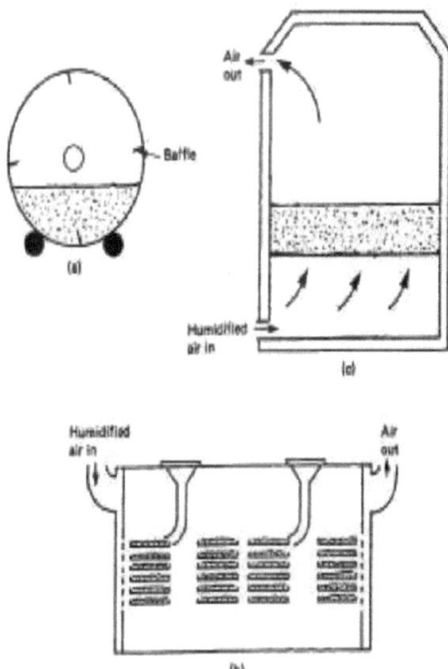

Solid substrate fermenter designs. (a) Rotating drum, (b) tray system, (c) forced air-flow system (Ward, 1992).

2.2 Influência dos parâmetros físicos e químicos na SSF

1. Atividade da água: A água perdida durante a fermentação através da evaporação e da atividade metabólica é frequentemente substituída por humidificação ou adição regular de água. Se o teor de humidade for demasiado baixo, o substrato torna-se menos acessível, e se o teor de humidade for demasiado elevado, a consistência do substrato é reduzida, resultando em taxas de difusão mais baixas e trocas gasosas enfraquecidas. Isto pode levar a uma redução da taxa de degradação do substrato e a um aumento do risco de contaminação.

2. Temperatura: A temperatura desempenha um papel importante no crescimento de microrganismos e na formação de produtos. O desenvolvimento de calor neste sistema é muito mais problemático do que nas fermentações líquidas e tem uma grande influência no rácio.

3. Arejamento: A taxa de arejamento está intimamente relacionada com a necessidade de remover o calor, o dióxido de carbono e outros voláteis que são deslocados. A taxa de transferência de oxigénio na SSF depende do tamanho das

partículas que definem a casa dos poros. A transferência de O dentro da cavidade depende do grau de humidade, uma vez que o O se dissolve na película de humidade em torno das partículas do substrato. (Singhania, 2010)

2.3 Vantagens e desvantagens da SSF

A utilização de SSF oferece várias vantagens para o sistema: o baixo teor de humidade dos substratos leva a uma contaminação limite e é frequentemente conseguido com baixas quantidades de substrato, o que reduz o valor operacional dos reactores, e é também económico. Com a SSF, a separação do produto é simples e menos dispendiosa. Uma das principais vantagens da SSF é o facto de não haver problemas com a formação de espuma e de serem produzidas poucas águas residuais.

Por outro lado, a SSF também tem algumas desvantagens, tais como a heterogeneidade do meio, o que significa que o mosto não é misturado corretamente e que o teor de humidade do substrato é difícil de regular. Os parâmetros do reator, como o pH, a temperatura e o oxigénio dissolvido, exigem um controlo rigoroso. Na SSF, a agitação constante do meio danifica geralmente os micélios, o que inibe o seu crescimento e conduz a um crescimento deficiente dos organismos.

CAPÍTULO 3 REVISÃO DA LITERATURA

Durante o curso da minha investigação, revi vários trabalhos de investigação anteriores sobre a xilanase, alguns dos trabalhos que considerei durante a minha investigação estão listados abaixo:

> **Farhath Khanum, Ajay Pal (2010):** Foram estudados os efeitos dos substratos sólidos, do meio de humedecimento, do teor de humidade inicial, do tempo de incubação e da temperatura na produção de xilanase por *Aspergillus niger* DFR-5 e a atividade máxima foi alcançada num meio que continha bagaço de soja e farelo de trigo numa proporção de 70:30, humedecido a 70% com solução de sal mineral (MSS2) e incubado a 40 °C durante 6 dias. A água a 37 °C foi adequada para a recuperação eficiente da enzima do meio WB-SBC bolorento. Utilizou-se um desenho rotativo composto central (CCRD) para otimizar os parâmetros de extração da xilanase no que diz respeito ao volume mínimo de extrato. A recuperação mais elevada da enzima xilanase, de 92,5 %, foi conseguida rodando a solução a 200 rpm durante 60 minutos com água como extrato. Ao otimizar as condições de extração e os componentes do meio, a produção de enzima aumentou 5,4 vezes.

> **Sushil Nagar, et al. (2010):** A produção de uma xilanase alcalino-estável e isenta de celulase a partir de bactérias recentemente isoladas *Bacillus pumilus* SV-85S utilizando resíduos agrícolas baratos e disponíveis, ou seja, farelo de trigo. Ao otimizar as condições de fermentação, a produção da enzima foi aumentada, com uma atividade 9,91 vezes superior à do meio basal não optimizado. A otimização estatística foi realizada utilizando o método da superfície de resposta para obter um efeito cumulativo do extrato de levedura, da peptona e do nitrato de potássio (KNO_3) na produção de enzima. Verificou-se que a enzima com um pH de 5 a 11 era estável a 37°C durante 1 hora, e que não havia perda de atividade mesmo após 3 horas de incubação em diferentes gamas de pH (7, 8 e 9). 78% da atividade residual da enzima foi mantida mesmo a 65°C, o que é 15°C acima da temperatura óptima (50°C). 1 hora após a incubação a 60°C, verificou-se que a enzima retinha 50% de atividade. As propriedades da xilanase SV-85S de B. pumilus, tais como a sua estabilidade em álcali durante um longo período de tempo, a sua natureza isenta de celulase e a sua elevada produção, são particularmente benéficas para a indústria da pasta e do papel.

> **Digantkumar Chapla, et al. (2010):** A fermentação em fase sólida utilizando farelo de trigo e efluentes de destilaria tratados anaerobicamente foi utilizada para a produção de xilanase por *Aspergillus foetidus* MTCC 4898. Foi utilizado um desenho Box-Behnken com metodologia de superfície de resposta para otimizar a produção da enzima xilanase. Foram investigadas e modeladas as interacções entre diferentes

parâmetros de fermentação, nomeadamente o tamanho do inóculo, a relação humidade/substrato, a concentração de efluentes, o pH inicial e o tempo de incubação. A atividade de xilanase prevista sob parâmetros optimizados foi de 8200-8400 U/g, e a atividade de xilanase validada foi de 8450 U/g, o que correspondeu a uma atividade de celulase muito baixa. A xilanase bruta foi utilizada para a sacarificação enzimática de resíduos agrícolas, tais como palha de arroz, palha de trigo e espigas de milho. O pré-tratamento com amoníaco e NaOH diluído revelou-se favorável à hidrólise da enzima dos três substratos. A palha de arroz, a palha de trigo e o sabugo de milho pré-tratados com NaOH diluído produziram 4,2, 4 e 4,6 g/l de açúcares redutores, respetivamente, enquanto a palha de arroz, a palha de trigo e o sabugo de milho tratados com amoníaco produziram 4,7, 4,9 e 4,6 g/l de açúcares redutores, respetivamente. A análise dos hidrolisados foi efectuada por HPTLC. A xilose foi o hidrolisado mais importante, para além da glucose.

> **Chun-Han Ko , et al (2010):** *Paenibacillus campinasensisBL11 foi* utilizado para produzir uma xilanase de um componente a diferentes temperaturas e valores de pH num balão de agitação. Foram também investigadas fontes alternativas de azoto e carbono. Em 24 horas, pH 8 e 37 °C, a atividade específica no extrato bruto foi de 10,5 UI/ml e 29,39 UI/mg. A produção de xilanase também foi a mesma quando incubada em palha de arroz e casca de arroz durante 2 dias. Após 4 horas de incubação a 65 °C e um pH de 7 e 9, foram observadas actividades relativas de xilanase de 56,8 % e 51,9 %, respetivamente. O pré-tratamento com xilanase aumentou a brancura e a viscosidade da polpa após o branqueamento completo com dióxido de cloro. Com o aumento da dosagem e do tempo, os benefícios foram ainda mais pronunciados.

> **Thembekile Ncube, et al. (2010):** O bagaço de sementes de Jatropha curcas foi analisado como substrato para fermentação em estado sólido para a produção de enzimas xilanolíticas e celulolíticas por *Aspergillus niger*. A adição de 10 % de erva de palha (Hyperrhaenia sp.) ao bolo de sementes levou a um aumento de cinco vezes na produção de xilanase. Quando foi adicionado cloreto de amónio, foi observado um aumento de 13% na produção de xilanase. As condições não tiveram qualquer efeito na produção de celulose. A 25 °C, foi produzido o máximo de xilanase, enquanto a produção máxima de celulose foi a 40 °C. Em Ph3, a atividade máxima de xilanase foi obtida quando as culturas tinham um valor de base, enquanto que com um valor de base de 5, a produção de celulase foi mais elevada. Em condições optimizadas, foram produzidos 3974 U e 6087 U de celulose e xilanase por grama de substrato, respetivamente.

> **Yishan Su , et al (2010) :** Para a produção de uma xilanase termoestável a partir de *T. lanuginosus* SDYKY-1, o método de superfície de resposta (RSM) foi utilizado para otimizar a composição do meio utilizando fontes económicas de azoto e carbono (farinha de soja e carolo de milho, respetivamente). [22424]Foi utilizado um projeto Plackett-Burman (P-B) para avaliar os efeitos de nove variáveis (farinha de soja, espiga de milho em pó, CaCl , MgSO<7H O, Tween-80, pH inicial, FeSO , KH PO e volume de cultura do inóculo). [4]Verificou-se que a farinha de soja, o sabugo de milho e o FeSO afectaram significativamente a produção de xilanase. A otimização das concentrações destes três factores foi efectuada utilizando a RSM e um desenho composto central. Ajustar a concentração de farinha de soja para 17,5 g/L, o sabugo de milho para 38,7 g/L e o FeSO4 para 0,26 g/L favoreceu a produção máxima de xilanase. Após a otimização, foi obtida uma atividade de xilanase de 3078 U/mL, o que representa um aumento de 144 % em comparação com os dados obtidos antes da otimização (1264 U/mL).

> **Joshi , et al (2010) :** A produção de biodiesel gera uma grande quantidade de subprodutos sob a forma de bagaço não oleado das sementes da planta. Para a produção de xilanase, o fungo termofílico *Scytalidium thermophilum* é utilizado por fermentação em estado sólido utilizando como substrato o bagaço de sementes de J. curcas não oleado. Foi produzida xilanase extracelular estável ao calor com *S. thermophilum*, que utilizou eficazmente o bagaço de sementes para o seu crescimento e produziu xilanase numa boa quantidade. As condições para a fermentação em fase sólida foram optimizadas para a produção máxima de xilanase. Nas condições optimizadas, ou seja, bagaço de sementes desoleado com pH 9 e 1 % de xilano de aveia-espelta, inoculado com 1 x 106 esporos por 5 g de bagaço, teor de humidade 1:3 p/v e incubação a 45 °C, obteve-se uma quantidade de 1455 U de xilanase/g de bagaço de sementes desoleado. Para uma utilização efectiva, a fermentação em estado sólido do bagaço não oleado parece ser uma via potencialmente viável.

> **Pushpa S. Murthy (2010): Os** subprodutos lignocelulósicos do café, como casca de café em cereja, polpa de café, borra de café e pele de prata, foram investigados como fontes únicas de carbono para a produção de xilanase usando *Penicillium* sp. CFR 303 em fermentação em estado sólido. Entre os resíduos, a casca de cereja de café produziu uma atividade máxima de xilanase de 9.475 U/g. Os parâmetros do processo, tais como o pH (5,0), a humidade (50%), a dimensão das partículas (1,5 mm), a temperatura (30 °C), a dimensão do inóculo (20%), a fonte de carbono (xilose), o tempo de fermentação (5 dias) e a fonte de azoto (peptona) foram optimizados e verificou-se que a atividade enzimática se situava

entre 19 560 e 20 388 U/g. Com vapor como pré-tratamento, a produção enzimática aumentou ainda mais para 23.494 U/g. O fracionamento com sulfato de amónio foi utilizado para purificar a xilanase extracelular da fonte fúngica a partir do sobrenadante da cultura (celulose DE32) até à homogeneidade, com um rendimento de 25,5%. $_{max}{}^{-1\cdot1}{}_m$Os parâmetros óptimos foram pH 5,0, 50 °C, V 925 gmol mg min e K 5,6 mg/mL com xilano de madeira como substrato. A enzima bruta hidrolisou tanto a polpa industrial como o substrato lignocelulósico. A produção de xilanase usando subprodutos do café representa um recurso renovável e foi relatada pela primeira vez.

> **Gurpreet Singh Dhillon ,et al (2011):** A fermentação em estado sólido (SSF) com culturas mistas e individuais de *Trichoderma reseei* e *Aspergillus niger* foi realizada para avaliar o potencial dos resíduos agrícolas para a produção de celulase e hemicelulose. A maior atividade foi alcançada com meio de farelo de trigo com incubação de 96 horas com *T. reseei* , *A. niger* ou culturas mistas de *T. reseei e A. niger*. Para uma maior produção de actividades de B-glucosidase, FP-celulose, endoglucanase (CMCase) e xilanase, foram utilizadas culturas mistas, onde o farelo de trigo suplementado com palha de arroz numa proporção de 2:3 resultou numa maior atividade do que a obtida com monoculturas. Da mesma forma, foram obtidas actividades mais elevadas de FP celulase, CMCase, E-glucosidase e xilanase com a fermentação da casca utilizando farelo de trigo e palha de arroz numa proporção de 2:3. Espera-se que a abordagem de utilização de resíduos agrícolas de baixo custo para a produção de hemicelulose e celulase através da fermentação da casca sirva muitos objectivos:
(a) Produção de enzimas hidrolíticas a baixo custo ;
(b) Gestão de resíduos que, de outra forma, seriam um problema para o ambiente, e;
(c) a aplicação de técnicas simples.

> **S.K. Ang , et al (2012):** A utilização direta de tronco de palmeira de óleo não tratado (OPT) por *Aspergillus fumigatus* SK1 para produzir xilanase e celulases foi realizada em fermentação em estado sólido (SSF). [8]As actividades mais elevadas de xilanases e celulases extracelulares foram produzidas a um pH inicial de 5,0, um teor de humidade de 80 % e 125 g de OPT com 1 x 10 esporos/g (inóculo) como única fonte de carbono. As actividades de xilanase e celulase obtidas foram 3,36, 54,27, 4,54 e 418,70 U/g de substratos para exoglucanase (FPase), endoglucanase (CMCase), B-glucosidase e xilanase, respetivamente. A xilanase bruta e as celulases necessitaram de condições ligeiramente ácidas para atingir a sua atividade óptima (pH 4,0). A xilanase bruta e as celulases eram mais estáveis a 40 °C quando comparadas com as suas actividades óptimas. A análise do

zimograma e o SDS-PAGE mostraram que *o Aspergillus fumigatus* SK1 podia segregar protease, celulases (exoglucanase, endoglucanase e B-glucosidase) e xilanase. A degradação enzimática de OPT tratado com álcali com xilanases e celulases brutas concentradas resultou na produção de polioses.

> **Tony J. Fang, et al. (2012):** A fermentação em fase sólida por *Aspergillus carneus* M34 investigou a produção de uma xilanase de baixo peso molecular utilizando resíduos agrícolas como substrato. Foram realizados desenhos experimentais para otimizar a composição do meio. Observou-se um aumento de 22,5% na atividade da xilanase quando se utilizaram resíduos agrícolas, tais como licor de milho e cascas de coba, numa proporção de 0,5:4,5 em comparação com o meio que continha apenas cascas de coba. ⁷¹Ao aumentar o tamanho do inóculo para 2 x 10 esporos mL, o tempo de incubação para a produção de xilanase pode ser reduzido de 12 para 6 dias. A composição óptima do meio, utilizando uma abordagem estatística, é a seguinte '2' ₂'NH4NO3, 32,4 g L- ; casca de coba/líquido de depósito de milho (4,5/0,5); MnSO<7H O, 0,0124 g L- CaCl , 1,34 g L- . De *A. carneus* M34 a 30 °C durante um período de seis dias.

As seguintes ferramentas e consumíveis são utilizados durante o trabalho do projeto

4.1 Estes são os instrumentos materiais que foram utilizados durante o trabalho de investigação

Papel de filtro . Objectos de vidro , Algodão - não absorvente , Fios de algodão

Name of Instrument	Marketed by
Electronic Balance	Laxmi Samson
Digital pH Meter	EI products
Thermostatic water bath	Ambassador(B.P.industries Delhi)
Horizontal laminar flow bench	U tech
UV-VIS Scanning Spectrophotometer	Systronics ltd.
Micropipette	GENEI(Genei pvt. Ltd.)
Centrifuge	RAMI Motor Ltd. Mumbai
Electronic Oven	B.P. industries, Delhi

Quadro 1: Lista de instrumentos

4.2 Produtos químicos, reagentes e meios:

Foi utilizado ágar dextrose de batata (PDA) para o crescimento de fungos, uma solução salina de ureia e sulfato de amónio para fornecer micronutrientes adicionais, um tampão de fosfato para extrair a enzima e uma solução de ADN e xilano para as experiências.

4.3 Preparação do inóculo

4.3.1 Cultivo e subcultivo de microrganismos

A cultura do microrganismo inicial foi fornecida pelo banco de culturas do IMSEC. Esta cultura foi cultivada em caldo de dextrose de batata. A cultura foi regularmente reactivada após duas ou três semanas.

4.3.2 Cultivo e preparação do inóculo

A estirpe testada foi inoculada em placas de Petri com meio PDA. As placas de cultura foram cobertas com parafilme e incubadas a 28°C numa incubadora BOD. O caldo YEPD foi preparado a partir de levedura, peptona, dextrose e água destilada. Este caldo foi incubado a 30°C durante 4 dias para o crescimento e armazenado no frigorífico para manter a cultura. Para o desenvolvimento do inóculo, foi preparado um caldo de Aspergillus nidulens e 500 Щ do mesmo foram inoculados em todos os frascos autoclavados, que foram então mantidos numa incubadora a 30°C durante 5 dias para observar o crescimento.

4.4 Triagem e seleção de resíduos agrícolas para a produção de xilanase:

Foram recolhidos vários resíduos agro-industriais de diferentes locais em Ghaziabad e muitos substratos foram recolhidos, utilizados e analisados quanto à sua capacidade de produzir xilanase: cascas de laranja, cascas de ervilha, cascas de ananás e cascas de mousambi foram recolhidas, secas e depois moídas. Após a moagem, o substrato foi autoclavado e depois colonizado com o microrganismo. Após 72 horas de incubação, o crescimento do fungo foi optimizado e a enzima foi extraída e analisada.

Dos substratos utilizados, verificou-se que o crescimento do microrganismo era mais elevado nas cascas de ervilha, razão pela qual as cascas de ervilha foram seleccionadas para mais investigação sobre a produção de xilano.

4.6 ENSAIO DE ENZIMAS

1. Juntar 5 g de vagens de ervilha a 3 frascos de 250 ml.
2. Adicionar água para humedecer, manter o teor de humidade a 80%, 100%, 120%.
3. Encher bem o algodão e a folha de alumínio.
4. Esterilizá-lo num autoclave a 15 psi e 120°C.
5. Inocular as colónias numa câmara com fluxo laminar.
6. Incubar durante 3 dias ou 72 horas a 30°C.
7. Após 72 horas, adicionar 50 ml de tampão fosfato a cada frasco.

8. Colocar o agitador rotativo em funcionamento durante 30 minutos.

9. Extrair a enzima com um pano de musselina

10. Centrifugar a 10000 rpm durante 15 minutos.

11. Adicionar 1,8 ml da solução de substrato a um tubo de ensaio de 15 ml, de preferência com uma pipeta.

12. Adicionar 200Щ da enzima diluída em tampão fosfato.

13. Incubar durante 5 minutos a 50°C.

14. 3 ml de ADN, misturar e retirar o tubo do banho-maria. Ferver durante 5 minutos e deixar arrefecer.

15. Medir a densidade ótica a 540 nm.

4.7 Otimização dos parâmetros do processo

4.7.1 Temperatura

Vários estudos de investigação levados a cabo para a produção de xilanase mostram que a temperatura óptima para o crescimento de fungos filamentosos é de 30°C. No nosso caso, foram tomadas três temperaturas e foi efectuado o teste enzimático, cujos resultados são apresentados na secção Resultados.

4.7.2 Teor de humidade

O crescimento de fungos filamentosos requer a presença de humidade. O teor de humidade foi adicionado ao substrato sólido para observar o efeito do teor de humidade no crescimento de fungos filamentosos, ou seja, a 80%, 100% e 120% (p/v). Observou-se que o crescimento da enzima foi mais elevado a 100% de teor de humidade (p/v). Também observámos que o crescimento foi máximo a 100% do teor de humidade para o qual o ensaio foi realizado, o que é mostrado na secção de resultados.

4.7.3 Teor de carbono

A presença de uma fonte de carbono fornece a fonte de energia para o crescimento do microrganismo. Podem ser utilizadas diferentes fontes de carbono para fornecer uma fonte de energia adicional para o crescimento dos fungos filamentosos. Foram utilizadas várias fontes de carbono, como a xilose, a maltose, a frutose e a dextrose, para as quais o teste foi realizado e os resultados são apresentados na secção de resultados.

4.7.4 Teor de azoto

O azoto é um macronutriente essencial utilizado pela célula para sintetizar o conteúdo de ADN e desempenha igualmente um papel na síntese de aminoácidos. A fonte de azoto foi fornecida sob a forma de ureia e de nitrato de amónio, utilizando diferentes concentrações destes dois sais. A experiência foi realizada e o resultado da experiência com teor adicional de azoto é apresentado na secção de resultados.

4.8 Otimização através da metodologia de superfície de resposta :

A metodologia da superfície de resposta (RSM) é um conjunto de técnicas estatísticas e matemáticas para a modelação empírica. O objetivo é otimizar uma resposta que é influenciada por diversas variáveis independentes (variáveis de entrada) através de uma conceção experimental cuidadosa. Uma experiência é uma série de testes, denominados execuções, em que são efectuadas alterações às variáveis de entrada para determinar as razões das alterações na resposta inicial. Realizámos oito experiências diferentes com diferentes combinações de temperatura, teor de humidade, fonte de carbono e fonte de azoto. Os resultados das execuções e a interpretação da dependência de uma variável em relação à outra são apresentados na secção "Resultados".

Durante a presente investigação, verificou-se que vários substratos agro-industriais sólidos podem ser utilizados para a produção de xilanase e que a formação do produto está diretamente relacionada com o crescimento de fungos. Com base no rastreio inicial, que revelou que as cascas de ervilha têm um excelente potencial para a produção de xilanase como substrato sólido, o processo de produção de xilanase foi optimizado. Os resultados mostram que as cascas de ervilha, quando utilizadas como substrato sólido, têm a absorvância máxima a um comprimento de onda de 540 nm e um teor de humidade inicial de 100%. Também se verificou que o teor de humidade inicial desempenha um papel importante no crescimento dos microrganismos e, subsequentemente, na produção de xilanase. A temperatura também desempenha um papel crucial no crescimento dos fungos e na formação do produto. O resultado da experiência mostrou que o crescimento dos microrganismos foi mais elevado a 30°.

Os resultados experimentais indicam que fontes adicionais de carbono e azoto promovem o crescimento de *A. nidulans* e conduzem a um aumento da produção de xilanase. Observou-se que, durante as experiências, a dextrose foi a fonte de carbono preferida para promover o crescimento do fungo. Por outro lado, a ureia 0,1 M, quando utilizada como fonte adicional de azoto no substrato sólido, promoveu o crescimento máximo dos microrganismos.

Após os resultados iniciais das experiências individuais sobre o efeito dos quatro factores, utilizámos a ferramenta DESIGN EXPERT para determinar os efeitos combinados dos factores no crescimento do microrganismo. Foram realizadas oito experiências diferentes em frascos diferentes, de acordo com as execuções fornecidas pela ferramenta RSM do Design Expert, e foi registada a atividade enzimática adicional.

Foram observados os efeitos de vários parâmetros físicos e químicos na produção de xilanase. Os parâmetros mais importantes que afectaram o crescimento de fungos filamentosos e a produção de xilanase foram o teor de humidade, a temperatura, a fonte de carbono e a fonte de azoto.

Os resultados dos ensaios relativos aos diferentes parâmetros físico-químicos são indicados a seguir:

5.1 Teor de humidade

Para otimizar o teor de humidade, três frascos foram incubados com substrato sólido com o teor de humidade desejado e outros nutrientes adicionais a 30 °C durante 72 horas. A enzima bruta foi extraída e a atividade enzimática foi

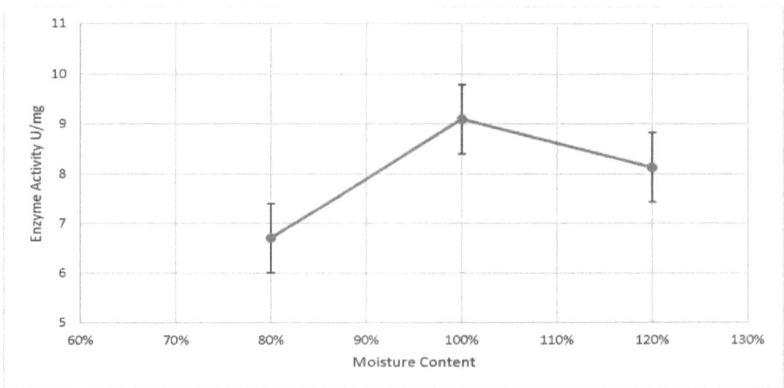

observada. Os resultados mostram que, com um teor de humidade de 100 % (p/v), a produção de enzima foi mais elevada a .

Também se observou que, com um teor de humidade mais elevado, a porosidade do substrato sólido diminui, o que impede o crescimento de fungos filamentosos. No entanto, a um teor de humidade mais baixo, ou seja, 80%, o teor de água desejado não parece estar disponível para o crescimento de fungos filamentosos, resultando numa diminuição da atividade enzimática. Um estudo semelhante foi realizado por Ajay Pal (2010) utilizando bolo de soja com teor de humidade variável como substrato sólido. O crescimento ótimo dos microrganismos foi observado a 70% de teor de humidade. Os resultados do teor de humidade mostraram que o teor de humidade é um fator crítico que afecta o crescimento dos microrganismos. O teor de humidade diferente é exigido por diferentes substratos sólidos, uma vez que as propriedades do substrato sólido variam, por exemplo, a porosidade, o tamanho das partículas e a área de superfície, etc.

Fig.: Influência do teor de humidade na atividade enzimática

5.2 Temperatura

A fim de otimizar a temperatura para o crescimento dos microrganismos no substrato sólido, foram utilizados três frascos diferentes com um teor de humidade de 100% e incubados a três temperaturas diferentes, isto é, 25°C, 35°C e 30°C. Depois de inocular os frascos com *A. nidulens, a* atividade enzimática máxima *foi observada* a 30°C quando se utilizaram vagens de ervilha como substrato sólido. *Ashwani* Sanghi et al (2007) realizaram um estudo semelhante no qual o efeito da temperatura na produção de xilanase foi optimizado utilizando farelo de trigo como substrato sólido e a atividade enzimática máxima foi observada a 30°C quando se utilizaram cascas de ervilha como substrato sólido.

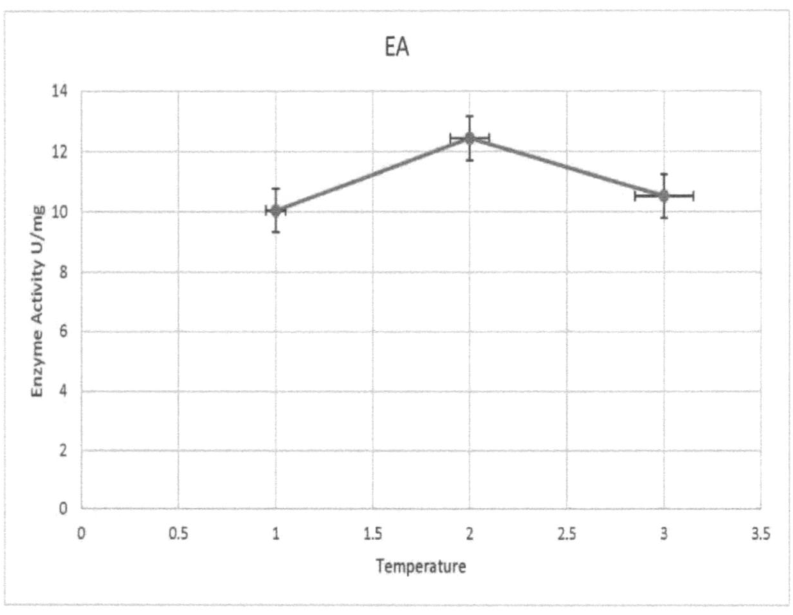

Fig.: Influência da temperatura na atividade enzimática

5.3 Teor de carbono

A investigação sobre a xilanase mostra que as fontes de carbono adicionais promovem o crescimento de microrganismos quando utilizadas na concentração desejada. Para otimizar o papel do teor de carbono adicional, foram inicialmente utilizadas quatro fontes de carbono, ou seja, xilose, dextrose, maltose e frutose, em substrato sólido. As experiências foram efectuadas em quatro frascos diferentes, nos quais os substratos foram fornecidos com estas fontes de carbono adicionais. Os resultados destas experiências mostraram que o crescimento fúngico máximo foi registado quando se utilizou dextrose a 1,5 % (p/v) e 5 ml em cada frasco. K. Jatinder et al (2006) investigaram o efeito da fonte de carbono e concluíram que, quando a RSM foi utilizada, a fonte de carbono mais adequada foi a dextrose.

No nosso estudo, verificámos que a atividade enzimática era mais elevada com dextrose como fonte de carbono adicional.

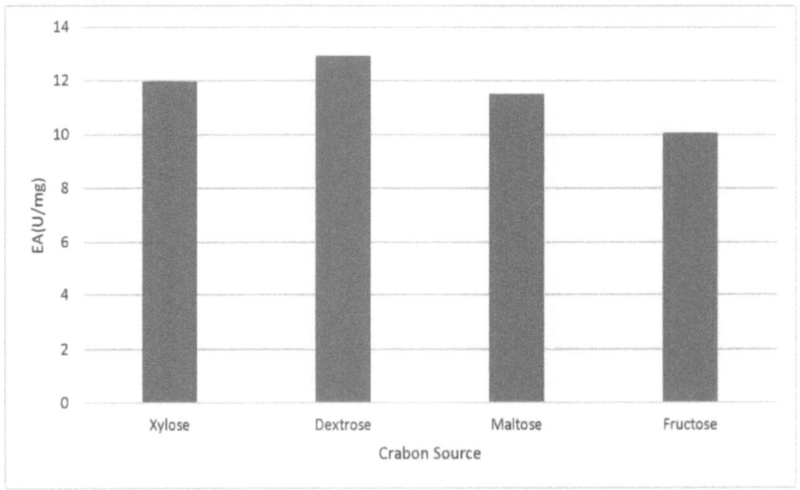

Fig.: Efeito de uma fonte de carbono adicional na atividade enzimática

5.4 Teor de azoto

Quatro garrafas diferentes com diferentes fontes de azoto e as suas diferentes concentrações foram incubadas a 30°C para otimizar a fonte de azoto adicional a adicionar ao substrato para promover o crescimento dos microrganismos. Um estudo semelhante para otimizar a fonte de azoto adicional foi realizado por Yang et al. em 2005. No nosso estudo, verificou-se que 0,1 M de ureia era o mais adequado para o crescimento de microrganismos e que a atividade enzimática era mais elevada a uma concentração de 0,1 M de ureia.

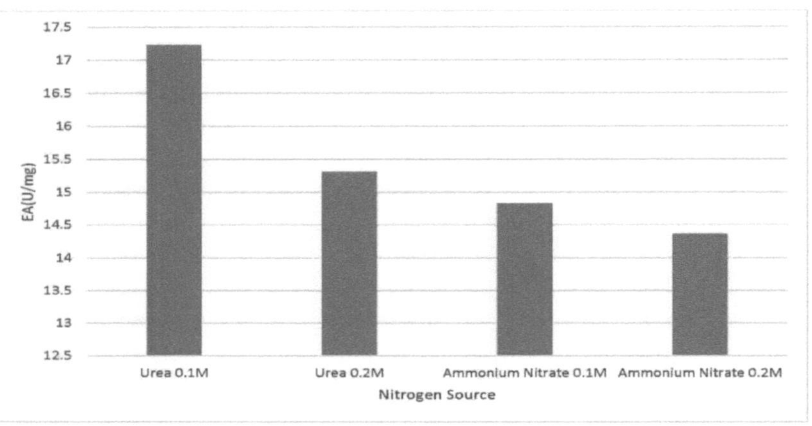

Fig.: Efeito de uma fonte adicional de azoto na atividade enzimática

5.5   esign Resultados da análise de peritos:-

O Design-Expert-Tool é um método estatístico para determinar o efeito de uma variável sobre outra variável. Depois de analisar o efeito de diferentes parâmetros individualmente, foi necessário investigar como a presença de uma variável afecta a outra variável quando ambos os parâmetros são utilizados simultaneamente nos meios de crescimento. Foi utilizado um desenho experimental com recurso à metodologia de superfície de resposta para estimar os coeficientes num modelo matemático, prever a resposta e testar a aplicabilidade do modelo. Estas quatro variáveis independentes foram analisadas em diferentes níveis e os seus valores mínimos e máximos estão listados. Como se pode ver no quadro seguinte, a atividade da xilanase aumentou em experiências com diferentes combinações de temperatura, humidade, azoto e fonte de carbono. Um resultado semelhante foi obtido por Liu et al. (2011), em que o desenho de Plackett-Burman com metodologia de superfície de resposta provou ser melhor para otimizar a produção de enzimas. Cotarlet e Bahrim (2011) também mencionaram a importância dos desenhos experimentais estatísticos em relação à abordagem convencional de otimização "uma variável de cada vez". A importância da abordagem estatística em relação aos métodos convencionais também foi mencionada em relatórios da literatura (Shabbiri et al., 2012; Xu et al., 2008). A importância dos projectos estatísticos para a produção de enzimas também é consistente com os resultados de Kammoun et al. (2008), onde o rendimento da enzima foi aumentado. Para a análise utilizando a ferramenta estatística, foram definidas oito experiências diferentes de acordo com as execuções fornecidas pelo Design Expert com RSM, estas experiências foram definidas e o ensaio enzimático foi realizado. A tabela abaixo mostra as execuções e os resultados dos testes. Foram criados gráficos de contorno que mostram a dependência de uma variável em relação a outra variável.

Run	Temp	Moisture	Nitrogen	Carbon	Response
1	30	80	0.1	1	37.33
2	25	120	0.15	1.5	21.54
3	25	100	0.15	0.5	23.93
4	35	120	0.1	1	32.55
5	35	100	0.05	1.5	31.1
6	30	120	0.05	0.5	35.9
7	35	80	0.05	1.5	27.76
8	30	100	0.1	1	37.81

Tabela: Ensaios

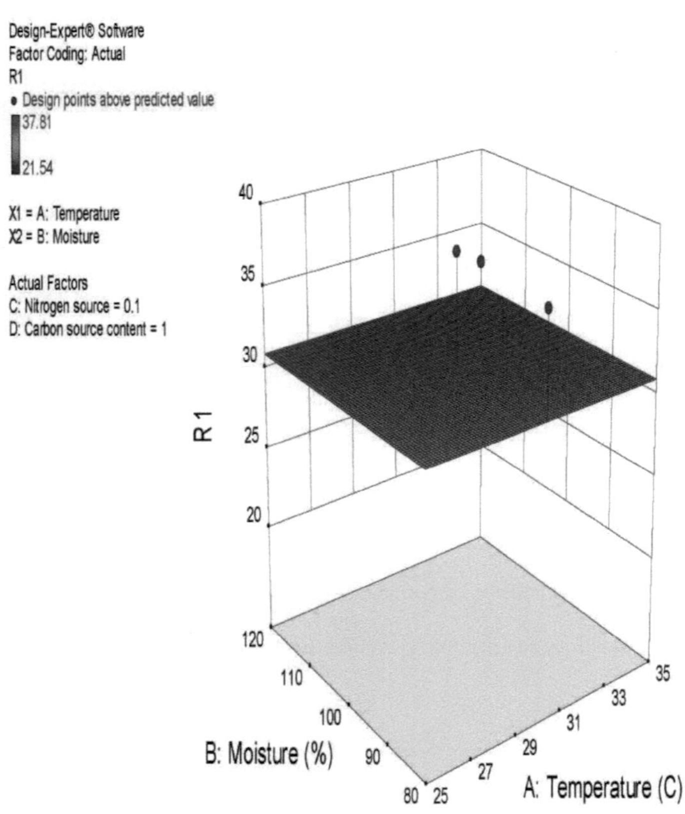

Fig.: Efeito combinado da humidade e da temperatura na atividade enzimática

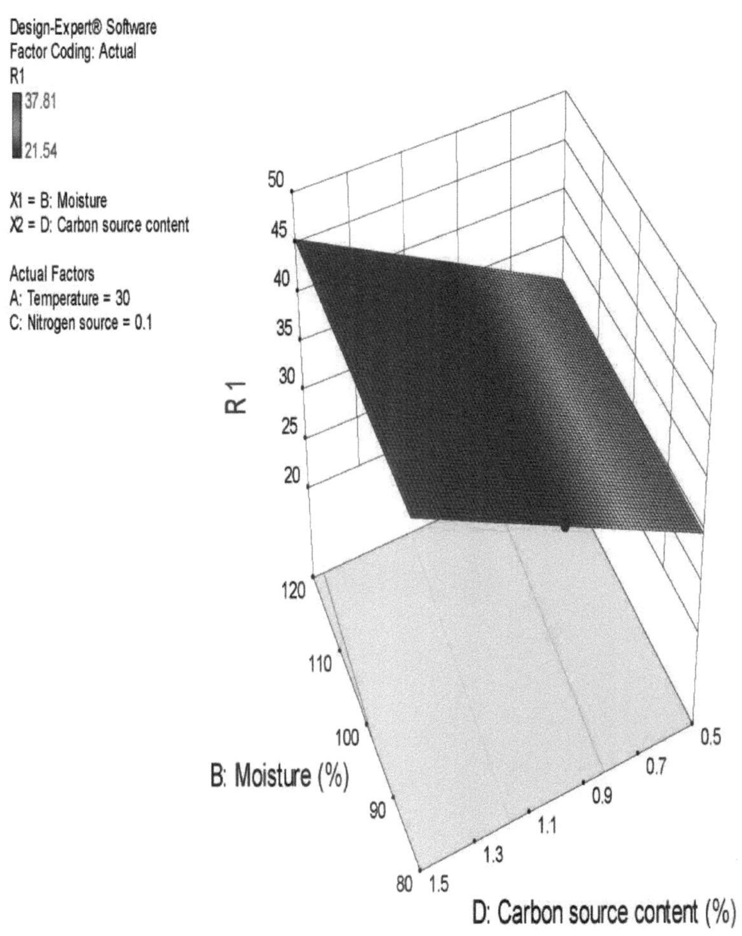

Fig.: Efeito combinado da humidade e da fonte de carbono adicional na atividade enzimática

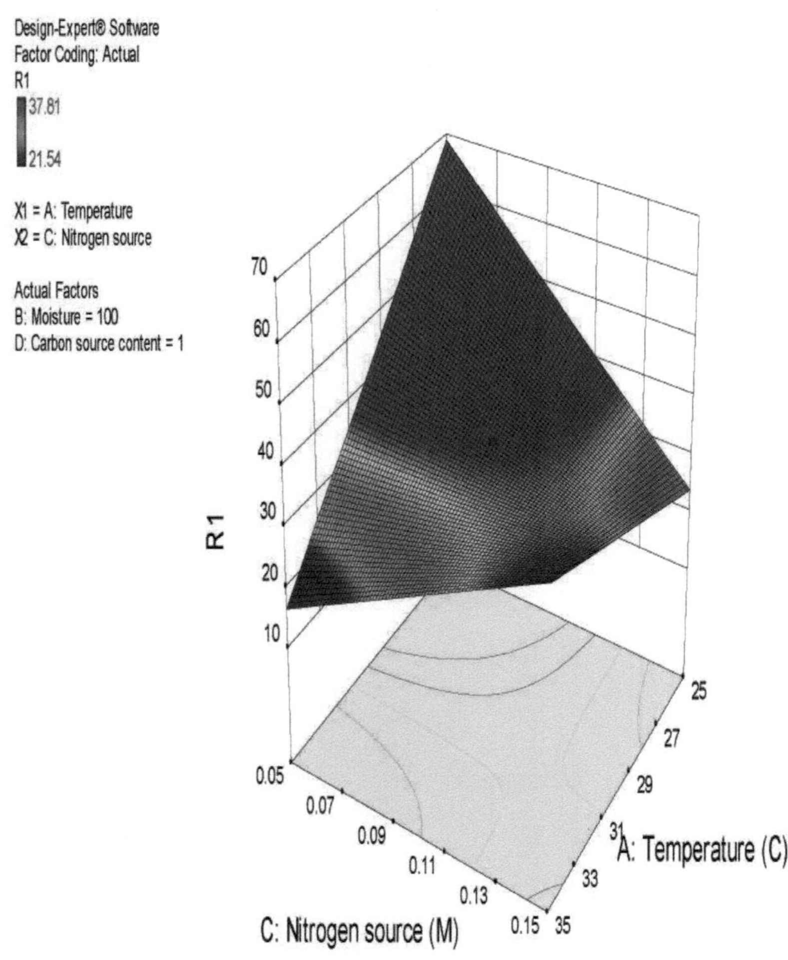

Fig.: Efeito combinado da fonte de azoto adicional e da temperatura na atividade enzimática

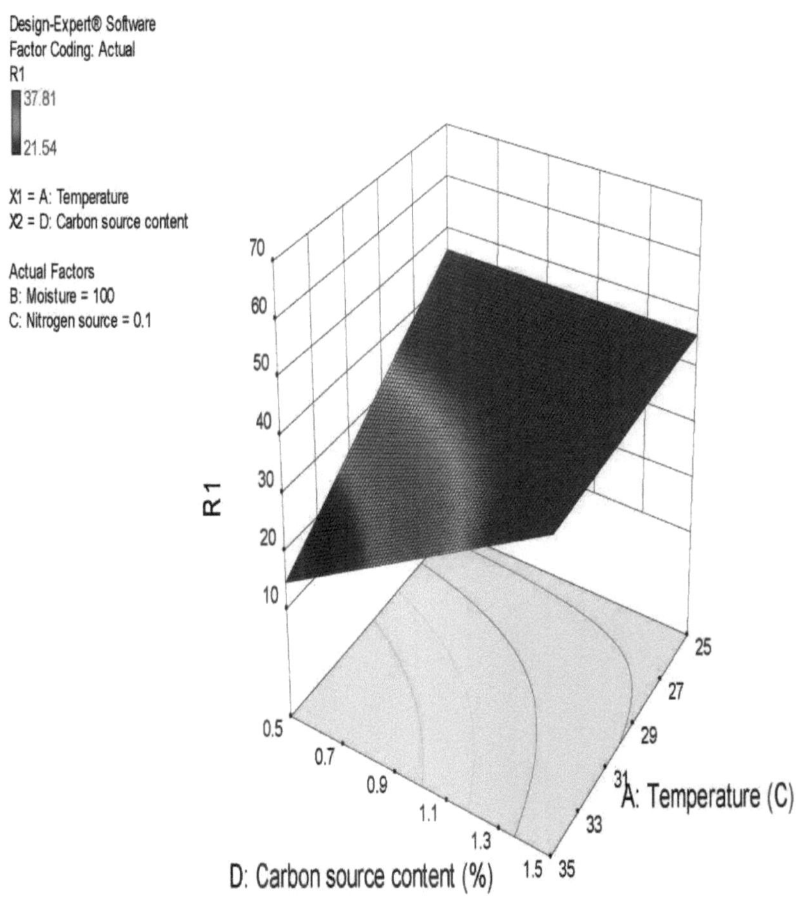

Fig.: Efeito combinado da fonte de carbono adicional e da temperatura na atividade enzimática

CAPÍTULO 6 CONCLUSÃO

Durante a presente investigação, verificou-se que o Aspergillus niger tinha um excelente potencial para a produção da enzima xilanase quando as cascas de ervilha eram utilizadas como substrato sólido. Simultaneamente, verificou-se que as cascas de laranja, o bagaço, as cascas de ananás e as cascas de mousseme também tinham um bom potencial como substrato sólido para a produção de xilanase. As cascas de ervilha foram consideradas um bom substrato para a produção de xilanase. O teor de humidade também desempenha um papel importante na atividade enzimática. Para além do teor de humidade, foram também optimizados outros factores, como a temperatura e o teor adicional de carbono e azoto.

CAPÍTULO 7 SIGNIFICADO

A xilanase é uma enzima industrialmente importante utilizada em muitos processos industriais, especialmente na indústria da pasta de papel e do papel, onde as enzimas termo-alcalifílicas são necessárias para um biobranqueamento económico devido às temperaturas extremas (55-70 °C) e ao baixo pH do substrato da pasta de papel. As xilanases termo-alcalifílicas ou talvez termo-acidofílicas podem ser utilizadas adicionalmente em processos de bioconversão em que pode ser utilizada uma gama de tratamentos, tais como a explosão de vapor e quandary, pré-tratamentos alcalinos, solventes ou ácidos, antes ou simultaneamente com o tratamento catalítico. As xilanases são úteis na alimentação animal quando adicionadas à ração antes do processo de peletização (normalmente a 70-95 °C) e são mais adequadas para utilização na indústria de panificação para a preparação da massa. Também é utilizada na produção para aumentar a capacidade de filtragem do mosto e reduzir a turvação do produto final; na extração ocasional e na produção de substâncias solúveis de oportunidade; em detergentes; na protoplastinação de células vegetais; na produção de polissacáridos farmacologicamente activos utilizados como antimicrobianos ou antioxidantes; na produção de glicosídeos de radicais alquílicos utilizados como tensioactivos; e na lavagem de dispositivos de precisão e semicondutores.

CAPÍTULO 8 PERSPECTIVAS FUTURAS

A xilanase é uma enzima importante e está a ser feita muita investigação para aumentar a produção da enzima a baixo custo, quer por fermentação em estado sólido quer por fermentação submersa utilizando resíduos agro-industriais. A fermentação em estado sólido utilizando resíduos agrícolas, tais como cascas de ervilha, oferece uma forma de produzir esta enzima industrialmente importante. Foram optimizados vários parâmetros para que o substrato possa ser utilizado à escala industrial a baixo custo. Com a ajuda destes dados de otimização, poderemos conceber um fermentador de estado sólido eficiente que pode ser utilizado para a produção de enzimas em grande escala utilizando resíduos agrícolas relativamente baratos. As perspectivas futuras desta enzima residem na sua utilização como biocombustível e na substituição do cloro industrial utilizado no branqueamento.

REFERÊNCIAS

❖ Chandel, A.K.; Silva, S.S.; Carvalho, W.; Singh, O.V. (2012): Bagaço e folhas de cana-de-açúcar: biomassa previsível para biocombustível e bioprodutos. J. Chem. Technol. Biotechnol. 87, 11-20

❖ Collins et al (2004): Xilanase , famílias de xilanase e xilnase extremófila

❖ Zanoelo, F.F.; Polizeli, M.L.T.M.; Terenzi, H.F. ; Jorge, J.A. (2004) : ʙ-Atividade glicosidase do fungo termofílico *Scytalidium thermophilum* é estimulada por glicose e xilose. FEMS Microbiol Lett. 240, 137-143.

❖ Oberoi, H.S.; Chavan, Y.; Bansal, S.; Dhillon, G.S. (2010): Produção de celulases através de fermentação em estado sólido utilizando polpa de kinnow como substrato principal. Food Bioprocess Technol. 3, 528-536

❖ Filho (1996) : E.X.F. Purificação e caraterização de uma ʙ-glucosidase de culturas em estado sólido de *Humicola grisea var. thermoidea*. Can. J. Microbiol. 42, 15.

❖ Peralta, R.M.; Terenzi, H.F.; Jorge, J.A.(1990) : Actividades de ʙ-D-Glicosidase de *Humicola grisea*: Caracterização bioquímica e cinética de uma enzima multifuncional. Biochim. Biophys. Ata Gen. Subj. 1033, 243-249.

❖ Lynd, L.R.; Weimer, P.J.; Zyl, W.H.; Pretorius (2002) : I.S. Utilização de celulose microbiana: fundamentos e biotecnologia. Microbiol. mol. Biol. rev. 66, 50677.

❖ Polizeli, M.L.; Rizzatti, A.C.S.; Monti, R.; Terenzi, H.F.; Jorge, J.A.; Amorin, D.S. (2005) Xilanases de fungos: propriedades e aplicações industriais. Appl. Microbiol. biotechnol. 67, 577-591.

❖ Singhania, R.R.; Sukumaran, R.K.; Patel, A.K.; Larroche, C.; Pandey (2010) : Avanços e perfis comparativos em tecnologias de produção de celulase microbiana por fermentação em fase sólida e submersa. Enzyme Microb. Technol. 46, 541-549.

❖ Sanchez (2009): C. Resíduos lignocelulósicos: biodegradação e bioconversão por fungos. Biotechnol. Adv. 27, 185-194

❖ Masui, D.C.; Zimbardi, A.L.R.L.; Souza, F.H.M.; Guimaraes, L.H.S.; Furriel, R.P.M.; Jorge, J.A. (2012) : Produção de uma ʙ-glucosidase estimulada por xilose e uma xilanase termoestável livre de celulase pelo fungo termofílico *Humicola brevis var. thermoidea* sob fermentação em estado sólido. World J. Microbiol. Biotechnol. 28, 2689-2701.

❖ Souza, D.T.; Bispo, A.S.R.; Bon, E.P.S.; Coelho, R.R.R.; Nascimento, R.P. (2012) Produção de endo-в-1,4-xilanases termofílicas por *Aspergillus fumigatus* FBSPE-05 utilizando subprodutos agroindustriais. Appl. Microbiol. biotechnol. 166, 1575-1585.

❖ Ashwani Sanghi et al (2007): Otimização da produção de xilanase utilizando agro-resíduos de baixo custo por *Bacillus subtilis* ASH alcalofílico em fermentação em fase sólida.

❖ Yang et al (2005): Produção de xilanase de alto nível por fungos termofílicos

❖ Farhath Khanum,Ajay pal (2010): Os efeitos de substratos sólidos, meio de humidificação, teor de humidade inicial, tempo de incubação e temperatura na produção de xilanase por *Aspergillus niger* DFR-5.

❖ Sushil Nagar , et al (2010): A produção de uma xilanase alcalino-estável e isenta de celulase a partir de bactérias recentemente isoladas *Bacilluspumilus* SV-85S

❖ Digantkumar Chapla, et al (2010): A fermentação em estado sólido utilizando farelo de trigo e efluente de destilaria tratado anaerobicamente foi utilizada para a produção de xilanase por Aspergillus foetidus MTCC 4898

❖ Chun-Han Ko , et al (2010) :Utilização de *Paenibacillus campinasensis* BL 11 para a produção de uma xilanase de um componente.

❖ Thembekile Ncube, et al(2010) : A torta de sementes de Jatropha curcas foi avaliada como substrato para a fermentação em fase sólida para a produção de enzimas xilanolíticas e celulolíticas por *Aspergillus niger*

❖ Yishan Su , et al (2010) : Para a produção de uma xilanase termoestável de *T. lanuginosus* SDYKY-1 usando a metodologia de superfície de resposta (RSM)

❖ Joshi , et al (2010) : Durante a produção de biodiesel, é produzida uma grande quantidade de subproduto, o bagaço de óleo, a partir das sementes.

❖ Pushpa S. Murthy (2010): Os subprodutos lignocelulósicos do café, como a casca de café cereja, a polpa de café, o café usado e a casca de prata, foram avaliados como fontes únicas de carbono para a produção de xilanase usando *Penicillium* sp. CFR 303 em fermentação em estado sólido.

❖ Gurpreet Singh Dhillon ,et al (2011): A fermentação em estado sólido (SSF) com culturas mistas e individuais de *Trichoderma reseei* e *Aspergillus niger* foi efectuada para avaliar o potencial dos resíduos agrícolas para a produção de celulase e hemicelulose.

❖ S.K. Ang , et al (2012): A utilização direta de tronco de palmeira de óleo não tratado (OPT) por *Aspergillus fumigatus* SK1 para produzir xilanase e celulases foi realizada em fermentação em estado sólido (SSF).

❖ Tony J. Fang , et al(2012) : A fermentação em fase sólida por *Aspergillus carneus* M34 investigou a produção de uma xilanase de baixo peso molecular utilizando resíduos agrícolas como substrato.

❖ Collins et al. (2004): Investigação de microorganismos produtores de xilanase.

❖ Subramaniyan e Prema (2002): Investigação de microorganismos produtores de xilanase sem a produção de celulose

❖ Mandal (2015): Investigação da atividade enzimática de microrganismos produtores de xlanase a partir de fontes poliméricas

❖ Zanoelo (2004): Estudo sobre microrganismos termofílicos para a produção de xilanase.

❖ Garg et al. (2010): Utilização de enzimas na alimentação animal

Apêndice 1

5.2.1 Ágar dextrose de batata (PDA)

S. No.	Material	Amount
1.	Potato Infusion form	20gm
2.	Dextrose	2gm
3.	Agar	1.5gm

Tabela

Todos os produtos químicos são dissolvidos em 100 ml de água destilada com um valor de pH de 5,6 e uma temperatura de 25 °C.

5.2.2 Solução salina

Sulfato de amónio: 0,1M e 0,2M
Ureia   : 0,1M e 0,2M

5.2.3 Tampão fosfato:-

Solução de armazenamento A:
Fosfato de sódio monobásico monohidratado 0,2M (27,6g/l) - 39 partes

Solução-mãe B:
Fosfato de sódio dibásico 0,2 M (28,4 g/l) - 61 partes

S. No.	Material	Amount
1.	DinitroSalicylic acid	1gm
2.	Sodium Hydroxide	20ml
3.	PotassiumSodiumTartrate	30ml

5.2.4 Reagente de ADN

O NaOH foi preparado adicionando 4 g de NaOH a 100 ml de água destilada. Dissolver a mistura inteira em 100 ml de água destilada.

5.2.5 Solução de xilano :

1g de Xylan de Birchwood em 100ml de DW, ou seja, 1% de solução de Xylan

5.2.6 Preparação dos meios de YPD - Os meios de YPD foram preparados de acordo com a seguinte concentração

S. No.	Material	Amount
1.	Yeast extract	2.5gm
2.	Peptone	5gm
3.	Dextrose	5gm
4.	DW	250ml

Quadro: Composição do meio YPD

Índice